CHAUFFAGE ET VENTILATION.

Imprimerie de Cosse et J Dumaine, r. Christine, 2.

ÉTUDES

SUR

LE CHAUFFAGE,

LA RÉFRIGÉRATION ET LA VENTILATION

DES ÉDIFICES PUBLICS,

Par J. Ch. BOUDIN,

Médecin en chef de l'hôpital militaire du Roule,
Officier de la Légion d'honneur.

PARIS

LIBRAIRIE MILITAIRE DE J. DUMAINE

ANCIENNE MAISON ANSELIN,
Rue et Passage Dauphine, 36.

1850

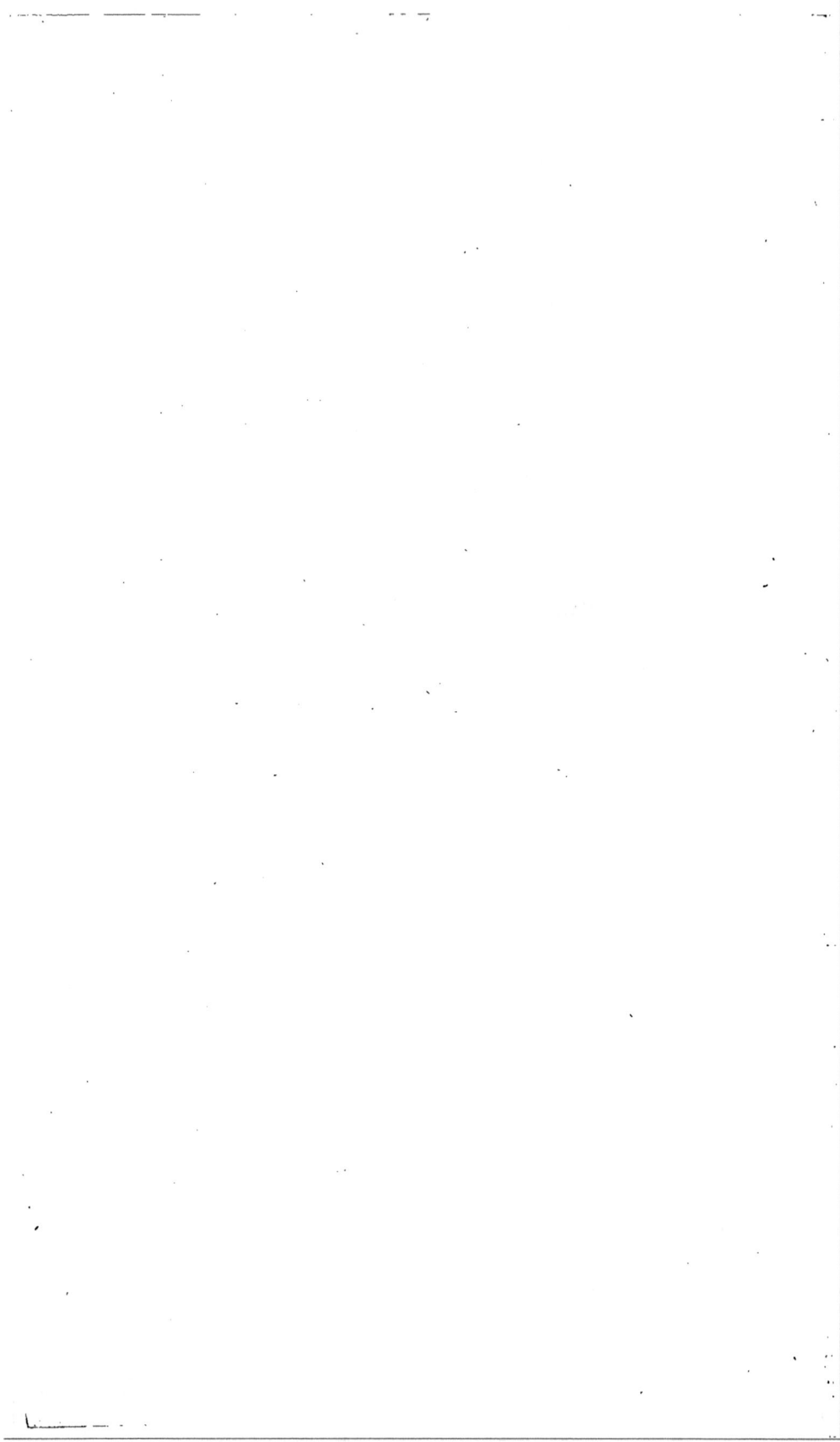

ÉTUDES

CHAUFFAGE, LA RÉFRIGÉRATION ET LA VENTILATION

DES ÉDIFICES PUBLICS.

———◦———

L'importante question du chauffage, de la réfrigération
et de la ventilation des édifices publics a fait, dans ces derniers temps, de notables progrès, qu'il appartient à l'Hygiène d'enregistrer et de signaler à l'attention de l'administration. Ces progrès sont dûs, en particulier, aux travaux
de plusieurs savants et de quelques praticiens distingués,
parmi lesquels nous nous bornons à rappeler les noms de
Rumford, Curandau, Desarnod, Tredgold (1), d'Arcet,
MM. Péclet et Léon Duvoir.

Pendant longtemps, le seul moyen de chauffage des capacités closes a consisté dans l'emploi, soit de foyers dé-
couverts, soit d'appareils fermés, appelés fourneaux, poêles,
calorifères. Ces divers appareils donnent lieu à une grande
déperdition du calorique développé dans le foyer, en même
temps qu'ils ont besoin d'être plus ou moins multipliés, à
raison de la difficulté que présente la propagation de la chaleur à une certaine distance, l'air étant mauvais conducteur
du calorique. Pour transmettre la chaleur à une grande
distance, on a eu recours au chauffage dit *à air chaud*,
système dans lequel l'air, chauffé en masse dans une chambre
de chaleur, est lancé par des tuyaux de circulation dans
les diverses parties d'un édifice. Ce mode a l'inconvénient

---

(1) Tredgold, *The principles of warming and ventilating buildings.*
London, 1825.

1.

d'exiger le chauffage d'un très-grand volume d'air, en raison de la faible capacité de saturation de ce fluide pour le calorique. D'autre part, la marche de l'air chaud, facile de bas en haut, rencontre de grandes difficultés dans la direction horizontale et en contre-bas. L'air chaud attaque presque tous les métaux et met promptement les tubes hors de service ; en contact avec les métaux portés au rouge, il contracte une odeur désagréable et il devient insalubre par sa sécheresse. Enfin, le bistre pénètre au dehors par les joints qui s'ouvrent en raison de la dilatation des tuyaux, il tombe dans la *chambre de chaleur* et communique à l'air une odeur désagréable.

Le chauffage par la vapeur d'eau, dont la capacité de saturation est plus considérable que celle de l'air, évite, en grande partie, les inconvénients du chauffage à circulation d'air chaud. Mais, pour faire parcourir à la vapeur de grandes distances, il devient nécessaire de lui donner une tension qui lui permet de s'échapper par les assemblages, et qui fait naître des dangers d'explosion dans les foyers générateurs. Les tuyaux de conduite éprouvent des déchirures, en vertu des dilatations et des contractions brusques, et réclament des réparations continuelles.

Il y a environ soixante ans, un Français, Bonnemain, constata qu'en chauffant une chaudière remplie d'eau, communiquant par deux tubes avec un réservoir, il s'établit une circulation d'eau chaude susceptible d'être utilisée pour chauffer de petites capacités, telles que des serres, des orangeries, etc. Dans ce système, la vapeur s'échappant par une ouverture supérieure du réservoir, il y a déperdition considérable de calorique, impossibilité d'élever l'eau à une haute température, et, partant, de chauffer des capacités considérables ; le bruit qui se produit dans les calorifères rend les locaux inhabitables ; enfin, il faut ici autant de foyers générateurs que de réservoirs. Il restait donc à faire l'application du système de Bonnemain à de grandes capacités, à écarter tout danger, à réaliser la plus grande économie possible de main-d'œuvre et de combustible, enfin à combiner avec ce mode de chauffage un bon système de ventilation. C'est ce grand pro-

blème hygiénique et industriel qu'a résolu, de la manière
la plus brillante, un autre Français, M. Léon Duvoir. Nous
allons essayer de donner une idée des divers modes de chauffage les plus usités.

Cheminées. — Si le chauffage par des cheminées est un
des plus agréables et un des plus salubres, il est, en revan-
che, un des plus coûteux. Une cheminée ouverte n'utilise
guère que 6 pour 100 de la chaleur totale produite par le
bois, et 13 pour 100 de celle que produit le coke ou la
houille. D'autre part, un courant d'air froid, qui ne s'élève
pas à moins de 60 mètres cubes par kilogramme de bois
brûlé, tend constamment à refroidir tout ce qui se trouve
sur son passage, et notamment la partie du corps qui ne
fait pas face à la cheminée. Les bons constructeurs doivent
s'appliquer à renvoyer dans l'appartement la plus grande
somme de calorique rayonnant; à réduire au *minimum* l'air
appelé pour une quantité donnée de combustible; à alimen-
ter la cheminée avec de l'air préalablement chauffé; enfin,
à utiliser une partie de la chaleur emportée par la flamme
et la fumée du combustible pour chauffer l'appartement.
Pour remplir ces diverses indications, on devra ramener le
feu en avant pour réduire la profondeur du foyer, et aug-
menter le champ circulaire du dégagement du calorique
rayonnant, en inclinant au dehors, en évasant les deux parois, et en les construisant en matériaux blancs et polis,
comme la faïence et la brique vernissée. On étranglera la
partie inférieure du tuyau de cheminée, à l'endroit où la
fumée du foyer y pénètre, et on y placera un registre à cou-
lisse pour régler à volonté l'afflux de l'air et le suspen-
dre complétement après l'extinction du feu. On chauffera
les pièces contiguës au moyen de poêles ou de calorifères.
La cheminée ne doit avoir que la section nécessaire pour
brûler son combustible, sans être trop rapidement engorgée
de suie. Un tuyau de 22 à 25 centimètres suffit ordinairement, avec 26 à 27 décimètres carrés de section, soit 0,80
sur 0,22. On peut citer comme bonnes cheminées celles de
Lhomond et celles de Millet.

Les causes qui font fumer une cheminée sont très-varia-
bles; tantôt c'est un obstacle à la sortie de la fumée, tantôt

une action inférieure plus énergique que le mouvement de la fumée. Pour remédier à cet inconvénient, on rétrécit au degré nécessaire l'issue de la fumée, que l'on fait sortir par des buses un peu coniques et dépassant la cheminée. On garantit cette dernière de l'entrée des vents par un chapeau composé de deux feuilles inclinées l'une sur l'autre. La fumée peut encore tenir à l'insuffisance de l'air qui, de l'appartement, arrive au foyer, ou à un défaut d'élévation suffisante du tuyau de la cheminée. Il suffit d'indiquer ces causes pour laisser entrevoir les moyens les plus propres à les combattre.

La chaleur obtenue dans une cheminée ordinaire avec 10 kilogr. de bois s'obtient, dans une cheminée perfectionnée et à plaque mobile, avec 5 kilogr. de bois ; dans une cheminée à la Désarnod, dite cheminée à la prussienne, avec 3 kilogr. ; dans un poêle de Curandau en tôle, avec 2 kilogr.; dans un poêle de Désarnod en fonte ou en faïence, avec 1 kilogr. $\frac{1}{2}$.

Poêles. — Le chauffage par des poêles est un des plus simples et il utilise 35 pour 100 du calorique produit ; mais il a pour inconvénient de dessécher l'air et d'accroître la puissance absorbante de ce dernier pour l'eau, puissance qui se satisfait aux dépens des personnes qui occupent le local chauffé. Pour éviter en partie cet inconvénient, on place sur les poêles un vase contenant de l'eau. Les poêles en terre cuite s'échauffent et se refroidissent lentement. Les poêles en tôle et en fonte utilisent mieux le combustible, refroidissent plus complétement la fumée, et sont plus économiques, mais ils altèrent l'air et lui communiquent une odeur désagréable. Règle générale, il faut donner aux poêles une forme simple et la plus grande surface de chauffe possible et leur adapter des tuyaux verticaux pour faciliter le tirage. On compte ordinairement un mètre carré de surface de chauffe pour 100 mètres cubes d'air à chauffer, mais on comprend que cette règle est subordonnée, à un haut degré, à la somme des causes de réfrigération. Nous citerons, parmi les meilleurs poêles, ceux de MM. Chevalier, Sarron, Paullet et Réné Duvoir. M. Clément (*Cours au Conservatoire des arts et métiers*), a constaté que la combustion de 1 kilogr. de bois par heure, dans un appartement de 100 mètres cubes de capacité, élève la température, savoir :

	Therm. cent.
Avec une cheminée ordinaire.	0,148
à la Rumford.	0,379
Cheminée de Désarnod.	0,450
Poêle Curandau.	0,714
Poêle Désarnod.	0,936

Pour obtenir la même température, on brûle :

	Kilog. de comb.
Cheminée ordinaire..	100
Cheminée à la Rumford.	39
Cheminée Désarnod.	33
Poêle Curandau.	20 3/4
Poêle Désarnod.	13 3/4

Fourneaux de cuisine. — Dans l'enfance des sociétés, les aliments étaient exposés à l'action directe du feu ; ils étaient rôtis, grillés. Homère ne parle que de viandes rôties au moyen de broches ou de lardoires ; une seule fois il mentionne des viandes cuites dans une chaudière d'airain, mais sans eau. Nulle part il n'est question de viande bouillie, ni de bouillon. Chez les Romains, on trouve déjà des vases de bronze et de terre, des broches, des fours en briques de diverses formes. La science du chauffage culinaire ne date réellement que de Rumford, qui a commencé à employer la houille. La réduction de foyers à de très-petites capacités, l'établissement sur un seul foyer de plusieurs marmites de dimensions modérées et de chaudières à eau, sous lesquelles il utilisait la chaleur perdue et la fumée ; la découverte de procédés complets pour rôtir la viande dans des fours en tôle, sans goût désagréable, par l'introduction d'un léger courant d'air, des idées larges sur la préparation des soupes et sur tous les principes de la cuisine ; telles sont les bases des perfectionnements dus à Rumford. Il donnait un foyer séparé à chaque série de marmites, à chaque four à rôtir, quelquefois à chaque marmite. Aujourd'hui, on concentre sur un seul fourneau, et en un seul foyer, la préparation de la totalité des aliments. A l'hôpital Saint-Louis, à Paris, le système est double. Les foyers, placés aux extrémités d'un fer à cheval, envoient la flamme et la fumée chauffer deux séries complètes d'appareils, et se réunissent sous une seule chaudière à eau et dans une seule cheminée placée au centre du demi-cercle. Les appareils de la Charité et de l'Hôtel-Dieu n'ont qu'un seul foyer autour duquel se groupent les marmites, chaudières et fours, L'institution des Jeunes-Aveugles possède des fourneaux construits par M. L. Duvoir, qui paraissent donner d'excellents résultats. Ces fourneaux à circulation d'eau, avec système de ventilation, ont fait disparaître l'odeur infecte qui, auparavant, se répandait dans tout l'établissement. Les fourneaux de l'Hôtel des Invalides, dus au même constructeur, ont réalisé une économie de 25 fr. par jour sur les anciens appareils. M. Harel a le premier entrepris d'introduire, dans les petits ménages, des appareils commodes, économiques et portatifs. Pour empêcher la fumée de se répandre dans la cuisine, il ferme les portes des cendriers et fait communiquer chaque fourneau par un orifice latéral avec une cheminée en tôle. L'air arrive ainsi sur le combustible par la partie supérieure du fourneau, et les produits de la combustion s'échappent par l'orifice latéral. On peut encore citer, comme modèles, les fourneaux construits au collége Rollin et au couvent des dames Sainte-Elisabeth, par M. Sarron. Le caléfacteur Lemare qui, d'après M. Thénard, utilise jusqu'à 0,80 de la valeur de son combustible, offre aussi de bons résultats, mais il a l'inconvénient de ne pas respecter les habitudes routinières des cuisiniers.

Calorifères. — Dans un remarquable article, publié dans le *Dictionnaire des arts et manufactures*, M. Grouvelle définit les calorifères des appareils dans lesquels un foyer, avec une enveloppe et des surfaces de transmission, échauffe de l'air pris à l'extérieur, pour l'envoyer dans une ou plusieurs salles plus ou moins éloignées. Il convient de donner à l'air chaud une direction constamment ascendante, et de placer le calorifère au-dessous du niveau des pièces à chauffer. Les formes et les ajustements de l'appareil doivent être les plus simples possibles, afin d'en faciliter la visite, le nettoyage et les réparations. Sous ce rapport, il y aurait beaucoup à dire sur la tendance de certains fumistes à compliquer inutilement les choses les plus simples. Dans de bons calorifères, l'effet utile peut s'élever jusqu'à **75** pour **100** de la puissance calorifique totale du combustible; mais il est prudent, dans les projets, de ne compter que sur **50** pour **100** ; un kilogramme de houille ne doit être compté que pour **3,000** calories. Cent mètres cubes d'un logement habité exigent, pendant les grands froids, pour être maintenus à **16** ou **18°**, de **1400** à **1500** calories par heure, et, avec les pertes du calorifère, environ le double, soit **3,000** calories dont la production réclame un kilogr. de houille. Ce combustible exige, à son tour, **2** mètres carrés de surface de chauffe, et **2** décimètres carrés de section des tuyaux de fumée, avec **5** décimètres carrés de grille pour la même quantité. D'après M. Grouvelle, un des plus simples et des meilleurs calorifères a été établi, par M. Réné Duvoir, dans plusieurs manufactures.

Chauffage par la vapeur. — Il s'opère au moyen d'un appareil composé d'un *générateur*, de tuyaux de distribution et de transport, enfin de récipients à grandes surfaces extérieures, destinés à condenser la vapeur et à transmettre au dehors, à travers leur enveloppe, la chaleur dégagée dans cette condensation. Ce mode de chauffage a été appliqué par M. Grouvelle à plusieurs établissements, et notamment aux Néothermes et au palais de l'Institut. Dans ce dernier, le chauffage est obtenu par un seul générateur à fond plat, aidé d'un second générateur de rechange. Il envoie la chaleur dans un grand nombre de salles. Un long tuyau en fonte court dans toute la largeur du rez-de-chaussée, enveloppé dans un coffre rempli de poil de vache, et c'est sur ce tuyau que viennent se brancher tous les tuyaux de cuivre, qui alimentent les appareils divers ; ces tuyaux sont visibles et d'une réparation facile. Les salles de commission sont chauffées par des piédestaux en fonte, munis d'un tuyau d'introduction de vapeur, et de deux tuyaux, l'un à eau, l'autre à air ; l'eau retourne dans chacun des générateurs.

Chauffage à circulation d'eau chaude; système de M. L. Duvoir. — Le chauffage par l'eau chaude a été connu des Romains, qui l'ont employé dans les étuves et les thermes. Aujourd'hui encore, les eaux thermales sont employées à Chaudesaigues pour chauffer les habitations. Mais la première idée d'un chauffage par ce que l'on appelle la circulation d'eau appartient à Bonnemain. Il l'appliqua à l'incubation artificielle des poulets, opération qui exige un chauffage, lent, modéré et très-égal. De la France ce procédé passa en Angleterre où il reçut un grand développement, notamment de la part de Perkins. Il était réservé à M. Léon Duvoir de le ramener sur la terre natale, et de lui imprimer un cachet de perfection qui a fait révolution dans l'art du chauffage, et dont nous allons essayer de donner une idée.

L'appareil de chauffage se compose d'un fourneau, de la forme d'une tour ronde, établi dans un souterrain creusé dans le sol. Ce fourneau a 3^m50 de diamètre et 4^m de hauteur. Un seul foyer de 1^m de diamètre et de 0^m80 de hauteur, pratiqué dans l'intérieur du fourneau, produit toute la chaleur nécessaire à l'entretien d'une bonne température dans toutes les subdivisions d'un vaste édifice. Sur le foyer est placé un appareil hydro-pyrotechnique, composé d'une cloche en fer à doubles parois. Du sommet de cette cloche, part un tuyau d'ascension présentant une aire de section égale à celle de tous les *tubes de retour*, et se dirigeant verticalement. jusqu'à la partie la plus élevée de l'édifice où il débouche dans un réservoir fermé. La cloche, le tuyau d'ascension et le réservoir, sont remplis d'eau; celle-ci, chauffée dans la cloche, s'élève en raison de sa densité moindre, jusqu'au réservoir supérieur, où il existe un espace libre au-dessus du niveau de l'eau. Un manomètre indique la tension de la vapeur; une soupape lui donne passage, si la tension devient trop considérable, et prévient ainsi tout danger d'explosion. Sur le réservoir sont piqués autant de tubes qu'il y a de subdivisions distinctes à chauffer dans l'édifice. De simples bouches de chaleur ou des renflements d'eau, ayant la forme de poêles, de colonnes ou de meubles, sont employés pour chauffer les pièces suivant leur capacité. Plus une pièce est vaste, plus on y multiplie les bouches de chaleur ou les poêles distributeurs. L'eau dépouillée de sa chaleur au profit des pièces parcourues, est versée dans un tube commun qui la ramène à la partie inférieure de la cloche pour la réchauffer, et la faire circuler de nouveau.

Partie de la chaudière à une température de 120° centigrades, l'eau y revient, après avoir parcouru rapidement un vaste cercle, à 80°.

Le palais du Luxembourg, offrant une capacité intérieure de 70,000 mètres cubes, fractionnée en une multitude de pièces, salles, vestibules, couloirs, est chauffé au moyen de 70,000 litres d'eau, circulant dans 8000 mètres (deux lieues) de tuyaux en fer, tant d'ascension que de distribution, et dans 240 poêles aidés de 100 bouches de chaleur. Cette eau opère son parcours en deux heures. Il est digne d'être noté qu'il n'a été accordé à M. Léon Duvoir que cinq mois pour établir son appareil de chauffage et de ventilation dans l'ancien palais de la Chambre des Pairs.

Pour modérer la température dans une des pièces de l'édifice, le chauffeur se borne à tourner, du degré déterminé par des repères ainsi que par l'expérience, une manivelle correspondant au tuyau distributeur affecté à la pièce. La température s'abaisse par la diminution de l'afflux d'eau chaude d'autant plus rapidement que les bouches de ventilation, qui amenaient de l'air chaud, peuvent alors amener de l'air froid. Il y a plus : pendant les fortes chaleurs de l'été, on peut obtenir un refroidissement considérable de la température. Il suffit de placer quelques kilogrammes de glace dans les renflements d'eau qui constituent en hiver des calorifères, et d'activer la ventilation au moyen d'un très-petit foyer d'appel. Par ce simple moyen, on est parvenu à abaisser, en été, de 10° centigrades la température de l'amphithéâtre de l'Observatoire, à tel point que M. Arago et ses nombreux auditeurs se virent forcés de demander la cessation de la réfrigération. On comprend de quel secours peut devenir cette ressource dans les pays chauds, et même dans la région tempérée pendant les grandes chaleurs de l'été.

Nous donnons, dans le tableau suivant, l'abaissement thermométrique obtenu par divers mélanges.

Mélanges.		Abaissement du thermomètre.
Neige ou glace pilée. . . .	2 parties.	20°
Sel marin.	1	
Neige ou glace pilée. . . .	5	
Sel marin.	2	24°
Sel ammoniac.	1	

		Abaissement du thermomètre
Neige ou glace pilée. . . .	24	
Sel marin.	10	
Sel ammoniac.	5	28°
Nitrate de potasse.. . . .	5	
Neige ou glace pilée. . . .	12	
Sel marin.	5	31°
Nitrate d'ammoniaque. . .	5	

Appareil de ventilation. — Parmi les anciens systèmes de chauffage, les uns négligeaient complétement la ventilation, les autres ne l'opéraient que d'une manière routinière et à l'aide de moyens très-imparfaits. Ainsi, tantôt le système de ventilation reposait exclusivement sur la différence de température entre l'air intérieur chauffé et l'air froid extérieur, ainsi que sur l'équilibre de température qui tend à s'établir; tantôt on se servait de moyens mécaniques pour introduire de l'air froid de l'extérieur dans l'intérieur des édifices chauffés. Dans le système Léon Duvoir, des orifices dont la section est égale à celle de la bouche de chaleur sont pratiqués au niveau du sol des appartements, et, autant que possible, sur les points qui correspondent aux fenêtres, c'est-à-dire sur ceux où l'air, refroidi (1) par le contact des vitres, se présente avant de se répandre en nappe horizontale sur toute la surface du sol.

Dans les anciens systèmes, on cherchait à établir un simulacre de ventilation, en favorisant la sortie des couches supérieures de l'air de l'appartement, c'est-à-dire les couches les plus chaudes et peut-être même les moins viciées. Dans le nouveau système, l'air froid est saisi au niveau du sol, attiré au moyen de conduits vers le réservoir supérieur (2) qui constitue un appel puissant, enfin il est expulsé par une cheminée établie au-dessus du réservoir. La sortie de l'air le plus dépouillé de chaleur oblige l'air chaud des couches

---

(1) A l'église de la Madeleine, chauffée par le système que nous décrivons, on remarque un orifice d'appel sur le sol, tout à fait à l'entrée. On comprend que le but de cet orifice est d'aspirer et, par conséquent, d'expulser immédiatement l'air froid du dehors, qui tend à pénétrer dans l'intérieur de l'église avec chaque ouverture de la porte.

(2) Autrefois l'air vicié était évacué dans le foyer; M. L. Duvoir a été conduit par l'expérience à adopter la nouvelle direction pour les locaux éloignés du foyer.

supérieures à descendre en nappes successives, et à chauffer ainsi les parties basses de l'appartement.

Pour donner une idée du résultat que procure sous le rapport de l'économie et de la chaleur, le courant descendant des couches supérieures de l'air, je résume, dans le tableau suivant, les divers degrés de température observés à diverses hauteurs dans la salle non ventilée du théâtre Montparnasse, ayant 6^m,50 de hauteur.

Au niveau du plancher.,	18°36
A 0^{m}65 de hauteur. .	19°69
1^{m}30.	21°12
1^{m}95.	22°65
2^{m}60.	24°30
3^{m}25.	26°97
3^{m}90.	27°37
4^{m}55.	30°00
5^{m}20.	32°18
5^{m}85.	34°52

On voit que la température à 5^{m}85 de hauteur était de 16° plus élevée qu'au niveau du sol. Le procédé de ventilation de M. Léon Duvoir non-seulement répartit la température d'une manière uniforme, mais encore, en utilisant tout le calorique ordinairement perdu dans les couches supérieures dans lesquelles l'homme ne respire pas, il devient la source d'une notable économie de combustible. A l'église de la Madeleine, dont l'intérieur a 30^m de hauteur, mais qui est chauffée et ventilée par le procédé que nous décrivons, la température, mesurée à diverses hauteurs, n'a pas varié au delà de 1$^1/_2$ degré centigrade.

L'air froid et vicié des couches inférieures est remplacé par de l'air pur venant de l'extérieur, mais qui s'est échauffé au contact des tuyaux remplis d'eau chaude, en parcourant des gaines qui enveloppent de toutes parts ces tuyaux. L'air pur et chaud pénètre, non, comme on l'a dit, par la partie supérieure des pièces à chauffer, mais au contraire par des grillages situés au niveau du sol, ainsi que par des bouches pratiquées à la surface des calorifères. Le système s'applique en effet, d'une manière toute spéciale, à faire descendre l'air chaud des couches supérieures; il serait dès lors contraire à cette intention, aussi bien qu'aux règles de l'hygiène, de faire pénétrer l'air *neuf* par une voie autre que celle qu'a adoptée si judicieusement M. Léon Duvoir.

D'après ce qui précède, l'ensemble du système représente assez bien l'image des organes réunis de la circulation et de la respiration chez l'homme. En effet, le foyer rappelle le cœur ; le système artériel est représenté par le tube d'ascension, le réservoir supérieur et les tuyaux conducteurs ; les tubes de retour reproduisent le système veineux ; enfin, les tubes parcourus par l'air pur et par l'air vicié rappellent l'arbre bronchique, mais subdivisé en tubes inspirateurs et expirateurs.

Je me suis assuré, en janvier 1848, au moyen de l'anémomètre de M. Combes, que, dans les meilleures salles de l'hospice Beaujon, dont une partie est chauffée par le système Léon Duvoir, chaque malade reçoit 67 mètres cubes d'air pur par heure. La température des salles était à 17° ; un papier était collé sur les fissures des fenêtres de manière à prévenir l'entrée de l'air par cette voie.

Un perfectionnement important vient d'être réalisé dans cet hospice. Chaque pavillon y possédait, au rez-de-chaussée, un fourneau servant exclusivement à préparer le cataplasme et à chauffer de l'eau. Les infirmiers obligés de descendre constamment un ou plusieurs étages, tantôt abandonnaient les malades, tantôt laissaient manquer ces derniers des choses nécessaires. Au moyen d'une ingénieuse disposition prise récemment par M. Léon Duvoir, le fourneau du rez-de-chaussée fait maintenant monter l'eau bouillante aux divers étages, d'où résulte une notable simplification dans le service. Ce n'est pas tout : l'eau chaude, ainsi envoyée dans les salles par un double réservoir, suffit à leur chauffage et à leur ventilation pendant les froids modérés de l'hiver ; en été, elle sert à leur ventilation constante, et leur échauffement est alors prévenu au moyen d'une simple clef. Nous croyons superflu d'insister sur l'importance de l'économie obtenue par cet appareil qui serait d'une application facile et peu dispendieuse dans la plupart des casernes et des hôpitaux militaires (1).

_____

(1) M. Barral recommande de placer les latrines au nord, et de leur appli-

Le 5 avril 1844, une commission composée de MM. Gay-Lussac, Séguier, Grillon et Régnault, a constaté, à la Maison des aliénés de Charenton, également chauffée par le système Léon Duvoir, que les cellules les plus éloignées du centre de chauffage, et cubant de 36 à 38 mètres, recevaient 67^{m}10 d'air pur par heure, et que les cellules les plus rapprochées recevaient, dans le même espace de temps, jusqu'à 119^{m}13. Ainsi, l'air de la cellule était renouvelé, par la ventilation, en 32 minutes dans les premières, et en 19 minutes dans les secondes. Dans les dortoirs, dont la capacité est de 300^m cubes, l'anémomètre indiquait un écoulement de 290^{m}20 par heure, soit un renouvellement complet de l'air à peu près toutes les heures.

Enfin, dans les salles les plus rapprochées du foyer et qui ont la même capacité, l'écoulement était de 607^{m}75 par heure, écoulement qui correspond à deux renouvellements par heure de la totalité de l'air de chaque salle. D'un autre côté, M. Robinet a constaté que, dans un séchoir d'une fabrique de toiles peintes, à Puteaux, et cubant 753 mètres, 11 minutes suffisent pour renouveler l'air intérieur ; que, dans l'amphithéâtre de l'Observatoire, d'une capacité de 1535 mètres, en 23 minutes l'air est entièrement renouvelé.

Les établissements, monuments et édifices chauffés et ventilés jusqu'à ce jour par M. Léon Duvoir sont déjà nombreux, surtout si l'on songe au petit nombre d'années qui se sont écoulées depuis ses premiers essais. On compte, à Paris, le palais du Luxembourg, le palais du quai d'Orsay, la Cour des comptes et les dépendances de ces deux établissements, la Maison des aliénés de Charenton, l'institution des Jeunes-Aveugles, le Ministère de l'instruction publique, la Manufacture des tabacs, l'Observatoire, la préfecture de

---

quer une cheminée d'appel, débouchant au midi, et appliquée contre un mur à parois noircies! Nous ne contestons pas l'avantage de cette disposition, surtout en été; mais nous croyons le moyen insuffisant. Il n'y a qu'une ventilation large et active, comme celle de L. Duvoir, qui puisse opérer une désinfection complète. À l'hospice Beaujon, les latrines, situées à l'extrémité même des salles de malades, ne donnent pas la plus légère odeur.

police, les serres du Jardin des Plantes, celles du Luxembourg, la vaste église de la Madeleine, celle de St-Germain-l'Auxerrois et de St-Philippe-du-Roule. Dans les départements, on compte déjà les palais de justice et les prisons pénitentiaires des villes de Tours, de Rodez, de Senlis, les hospices de Melun, Sainte-Reine, Blois, Vendôme, Brest, Corbeil, Tours, Brie-Comte-Robert, la poudrerie de Vonges (Côte-d'Or), celle de Saint-Chamas, les couvents de Saint-Nicolas, de la congrégation de la Mère-de-Dieu, des Dames de Bon-Secours, d'Issy, les bains de mer de Dieppe ; enfin beaucoup de chauffage chez des particuliers, entre autres chez M. de Montmorency, les hôtels Beauveau, Bagration, Rothschild, Aguado, Boisgelin, Hottinguer, etc., etc.

M. Péclet a donné une description étendue de l'ancien système de chauffage de la Chambre des Pairs, qu'il a fallu détruire en raison de ses mauvais résultats, mais il ne présente qu'une idée incomplète du système Léon Duvoir qu'il a fallu lui substituer et dont l'établissement a été couronné d'un plein succès. Il y a plus : les avantages incontestables, réalisés par le système Duvoir, sont, de la part de M. Péclet, l'objet de critiques dont il est difficile de se rendre compte. Ainsi, après avoir déclaré « que « *plusieurs expériences* ont constaté que l'appareil Duvoir « peut produire la ventilation de **72,000** mètres cubes « par **24** heures, » il ajoute : « il me paraît impossible « qu'il produise constamment ce résultat. » Dans un autre passage, M. Péclet dit (p. 2101) : « les appareils à eau « chaude sont *préférables aux autres ;* mais, pour les grands « établissements, la transmission par la vapeur est préfé- « rable au chauffage direct de l'air par une circulation « générale. » Comment ! le chauffage à circulation d'eau chaude fonctionne dans les plus grands établissements de Paris, au palais du Luxembourg, au palais du quai d'Orsay, à l'église de la Madeleine. ctc., etc. ; il a donné partout les plus brillants résultats, sous le rapport de la température, de l'économie de combustible et de la salubrité. Quel est donc le système, autre que celui de M. Léon Duvoir, qui puisse présenter de pareils états de service ? Le tableau suivant donnera une idée de la ventilation obtenue dans un certain nombre d'édifices dans lesquels le système Duvoir a été appliqué.

	VOLUME total des pièces chauffées exprimé en mètres cubes.	NOMBRE total de litres d'eau contenus dans les appareils.	QUANTITÉ d'air renouvelé par heure par la ventila- tion.	QUANTITÉ d'air renouvelé en 24 heures l'appel se faisant après la cessation du feu.
Observatoire.	1,600	2,500	1,600	38,400
Police municipale.	2,300	3,400	2,200	96,800
Hospice Beaujon.	2,400	3,600	3,000	72,000
Ecole de La Villette.	3,000	4,500	2,800	6,720
Ecole rue de Charonne.	3,500	5,300	3,000	7,200
Ecole des ponts et chaussées.	5,500	8,200	7,000	168,000
Présidence de l'Assemblée nationale.	6,500	10,200	4,500	10,800
Hospice de Charenton (plateau supérieur).	7,000	10,500	6,000	144,000
Ecole vétérinaire d'Alfort.	10,000	17,000	9,000	216,000
Ecole des mines.	14,000	21,000	11,200	268,800
Conservatoire des arts et métiers.	14,000	22,000	12,000	288,000
Palais du quai d'Orsay.	16,000	17,300	2,800	67,200
Chemin de fer du Nord.	17,000	25,000	14,500	348,000
Eglise Saint-Philippe-du-Roule.	17,000	25,000	9,000	216,000
Hospice de Charenton (plateau inférieur).	22,000	33,000	22,000	528,000
Eglise Saint-Germain-l'Auxerrois.	25,000	30,000	10,000	240,000
Police correctionnelle.	32,000	4,700	25,000	600,000
Institut des jeunes aveugles.	35,000	5,200	10,000	240,000
Eglise de la Madeleine.	70,000	95,000	20,000	480,000
Palais du Luxembourg.	70,000	70,000	10,000	240,000

Dans aucun des nombreux établissements que nous venons de nommer, le service n'a jamais été suspendu un seul instant par accident. Cet avantage est inappréciable en présence des réparations incessantes que réclament les autres systèmes (1).

Nous avons montré avec quelle facilité le système Léon Duvoir permet de régler, de modérer et d'abaisser très-notablement la température des appartements. A ce triple avantage, il faut joindre celui d'entretenir la salu- brité par une bonne ventilation, et enfin la réduction de la main-d'œuvre à sa plus simple expression. En effet, la

(1) L'établissement du système Léon Duvoir au palais du quai d'Orsay remonte à 1839.

2

main-d'œuvre se borne au transport du combustible au foyer, au chargement et au nettoyage de celui-ci. Un seul chauffeur est chargé de ce service et d'ajouter chaque jour une dizaine de litres d'eau dans la chaudière qui, une fois chargée, suffit pour le service complet du vaste palais du Luxembourg. D'autre part, quelques heures d'entretien du feu du foyer suffisent, par les froids ordinaires, pour obtenir la bonne température et la ventilation des salles pendant vingt-quatre heures.

Il est facile de comprendre, qu'au moyen de la ventilation, la capacité des locaux destinés à servir d'habitation, acquiert en quelque sorte un accroissement proportionnel à celui de la salubrité, et que tel hôpital, telle caserne, telle écurie de cavalerie, qui, privés de ventilation, ne pouvaient recevoir qu'un petit nombre d'hommes ou de chevaux, pourraient, grâce au renouvellement de l'air, loger souvent un nombre double d'individus ou d'animaux, même avec amélioration des conditions hygiéniques actuelles. Les cours du Conservatoire des arts et métiers comptent souvent, en hiver, de 800 à 1000 auditeurs pendant plusieurs heures, et malgré cette foule, l'amphithéâtre possède toujours, grace à une bonne ventilation, une atmosphère salubre.

On se sert habituellement, pour sécher les poudres, de tarares ou d'autres appareils mécaniques de ventilation qui exigent l'emploi d'un moteur puissant, et généralement d'un cours d'eau. La sécherie est ordinairement placée à une certaine distance des autres bâtiments de fabrication, afin de prévenir les causes d'accidents. Cette disposition est à la fois onéreuse et incommode pour l'Etat; elle est onéreuse parce qu'elle oblige d'établir des canaux de dérivation pour les eaux qui doivent mettre en activité les appareils mécaniques de la sécherie, et incommode en ce que, pendant les gelées d'hiver, les travaux se trouvent suspendus. Le système Léon Duvoir remédie de la manière la plus complète à ces inconvénients. Il rend les canaux inutiles, il sèche les poudres en tout temps, et sans le moindre danger.

Au point de vue économique, le système de chauffage que nous décrivons offre de très-grands avantages. Ainsi, avant l'établissement du système Léon Duvoir au palais du

Luxembourg, la dépense pour combustible et main-d'œuvre était de 38,000 francs par an ; les frais de réparations annuelles s'élevaient à 16,000 francs. Ajoutons qu'il n'y avait alors aucune trace de ventilation, et le chauffage était nul dans près de la moitié de l'édifice. Avec le nouveau système, toutes les pièces, le musée, l'orangerie, la serre, les vestibules, les couloirs et les escaliers sont ventilés et chauffés, uniformément, à 15°, et la somme pour laquelle M. Léon Duvoir s'est engagé envers l'administration, par un marché de douze années, est de 12, 900 francs (1) par an, frais de réparations et de ramonage compris.

La dépense totale pour l'établissement de l'ancien appareil, appliqué seulement à la *moitié* du palais du Luxembourg, s'élevait à 250,000 francs. Il est donc permis d'admettre que, pour la totalité de l'édifice, les frais de premier établissement eussent été au moins de. . . . .   375,000 fr.

D'après un tableau publié au *Moniteur*, les frais de combustibles étaient de 38,000 fr. En ajoutant moitié en sus, par le motif précité, nous trouvons. . . .   57,000

Les frais annuels d'entretien s'élevaient à 16,000 francs, et, moitié en sus. . . .   24,000

Si, d'après ces bases, on suppose un chauffage de douze années, tel que l'a entrepris l'auteur du nouveau système, on trouve avec les frais de premier établissement.   1,800,250

Les frais de premier établissement du système Léon Duvoir, y compris les dépenses extraordinaires et indépendantes, ont été, de.   240,000

(1) Le chauffage de l'église de la Madeleine, qui présente l'énorme capacité de 70,000ᵐ cubes, se fait à raison de 15 fr. par jour, pendant les mois d'octobre, novembre, décembre, janvier, février, mars et avril. La maison n° 82, aux Champs-Élysées, est chauffée entièrement et ventilée pour la faible somme de 4 fr. par jour. On assure qu'elle doit à cet avantage d'être toujours louée.

2.

En ajoutant à cette somme les frais de chauffage pendant douze ans, et les frais de réparations, payables pendant onze ans, on trouve, intérêts simples et décroissants compris, une somme totale de. . . .   683,945

Il résulte de là que l'adoption du nouveau système de chauffage aura procuré au Trésor, au bout de douze années, une économie de.   1,116,355

Passons maintenant à l'examen de l'institution des Jeunes-Aveugles. Il a été reconnu qu'il faudrait au moins 150 poêles pour chauffer les mêmes locaux chauffés par les calorifères : c'est-à-dire escaliers, couloirs, vestibules; 150 poêles carrés, placés entre deux pièces, réduits au plus bas prix, à 200 fr. l'un. . . . . 30,000 fr.

Tuyaux de fumée.   3,000

150 grilles d'entourage en fil de fer sur tringles, monture à 50 fr.   7,500

TOTAL de premier établissement.   40,500 fr.   40,500 fr.

La consommation moyenne de combustible, à 1 fr. 50 c. par jour pour chaque poêle, calculée sur le prix de l'ancien établissement, par jour, 225 fr.; 212 jours de chauffage par année, 47,700 fr., soit, pour 12 années. . . .   572,400

Quatre hommes de peine, pour transport de combustible et entretien de 150 feux, à 600 fr. l'un, soit 2,400 fr., 12 années.   28,800

Entretien des poêles, à 10 fr. l'un; par an, 1,500 fr.; pour 11 années.   16,500

Renouvellement des poêles et tuyaux à la fin de la période, déduction faite de 2,500 fr. pour les vieux matériaux, reste.   30,250

Deuxième renouvellement, à la fin de la 12e année, semblable à celui ci-dessus.   30,250

Intérêts simples de toutes les sommes ci-dessus à la fin de la 12e année.   261,073

TOTAL. . . . .   979,773 fr.

Voici les dépenses auxquelles donne lieu l'établissement du système Duvoir :

Prix des appareils de chauffage et de venti-
lation. . . . .   70,000 fr.
   Chauffage annuel, 6,360 fr.; 12 années. .   76,320
   Entretien annuel, 1,200 fr.; 11 années. . .   13,200
   Intérêts simples des sommes ci-dessus, à la
fin de la 12ᵉ année.   71,416

                            230,936
Différence ou économie à la fin de la 12ᵉ année. 748,837

                            979,773

Après les douze années, les appareils devront être rendus dans leur premier état. On a calculé que le chauffage et la ventilation des 1000 mètres cubes revenaient par jour :

    A l'hospice Beaujon. . . . .   5 centimes.
    A l'embarcadère du chemin du Nord. .   4
    A la police correctionnelle.   4
    A l'église de la Madeleine.   3

Pour l'hôpital de la République (ci-devant hôpital Louis-Philippe), M. Léon Duvoir a soumissionné au prix de 93 fr. par jour en hiver. Ce prix comprend le chauffage et la ventilation des salles de malades contenant 612 lits; 2° le chauffage des chambres des sœurs; 3° le chauffage des offices ; 4° le chauffage et la ventilation des promenoirs ; 5° le chauffage des cages d'escaliers ; 6° la ventilation de 54 cabinets d'aisance. Le prix demandé pour le service des offices et la distribution d'eau dans les salles est de 21 fr. par jour. En été, la ventilation des salles et des cabinets d'aisance serait de 30 fr. Dans les huit hôpitaux généraux de Paris, le prix moyen du chauffage par jour et par lit est de 0,046 cent. Les salles destinées à recevoir les 612 malades, offrent une capacité de 33,372 mètres cubes, soit 54 mètres cubes par malade. Cette capacité n'est pour l'ensemble des hôpitaux de Paris que de 35ᵐᶜ en moyenne. Il résulte de là que, malgré la place plus considérable dévolue à chaque malade de l'hôpital de la République, le prix du chauffage y serait cependant de moitié inférieur à celui des autres hôpitaux. L'économie étant de 0,0412 par lit et par jour, elle est de 15 fr., 038 par an, et, pour 612 malades, de 9,203 fr.

Si l'on récapitule les sommes économisées à l'État ou aux hospices dans les chauffages ci-dessus, dans ceux du palais du quai d'Orsay, de la Maison de Charenton, de l'hôtel du préfet de police, de la Manufacture des tabacs, de l'église de la Madeleine, du ministère de l'instruction publique, de l'Observatoire, des serres du Jardin des plantes et du Luxembourg, des prisons pénitentiaires de Tours, de Rodez, de Senlis, des écoles et salles d'asile de la Villette, etc., des hospices de Vendôme, Blois, Sainte-Reine, Melun et Corbeil, etc., etc.; on trouve une économie de plus de cinq millions, dont l'État bénéficiera par la seule adoption du système de chauffage Duvoir. A l'hospice de Charenton, de grandes dépenses avaient déjà été faites pour l'établissement du système de ventilation de Darcet; malgré ces dépenses, la commission instituée par le ministre se prononça pour l'abandon de ce système et pour l'adoption de celui que nous venons de décrire. D'après tout ce qui précède, nous n'hésitons pas à déclarer que de tous les systèmes de chauffage et de ventilation employés jusqu'ici dans les édifices publics, aucun ne nous paraît réunir à un plus haut degré que le système de M. Léon Duvoir toutes les conditions désirables d'économie, et, on peut le dire, de sécurité et de salubrité.

Comme nous nous sommes étendu d'une manière spéciale sur le chauffage par la circulation d'eau, nous croyons devoir rappeler que le point de l'ébullition de l'eau varie selon la pression qu'elle supporte et selon les substances qu'elle tient en dissolution, d'où il résulte que l'eau bouillante n'est pas également chaude dans tous les lieux, comme le prouve le tableau suivant :

	Altitude.	Hauteur moyenne du baromètre.	Degré d'ébullition de l'eau.
Niveau de la mer.	0	454	100,0
Paris, 1er étage de l'Observatoire.	65	527	99,7
Vienne.	133	572	99,5
Lyon.	162	586	99,4
Moscou.	300	645	99,0

Plombières.	421	98,4
Madrid..	608	97,8
Bains du Mont-d'Or.	1040	96,5
Briançon.	1306	95,5
Hospice du Saint-Gothard..	2075	92,9
Mexico.	2277	92,3
Quito.	2908	90,1
Métairie d'Antisana..	4101	86,3

Point d'ébullition de l'eau saturée de divers sels.

	Ebullition.	Sel sur 100 parties d'eau.
Carbonate de soude.	104°6	48,5
Chlorure de potassium.	108°3	59,4
Chlorure de sodium.	108°4	41,2
Sel ammoniac.	114°2	88,9
Nitrate de potasse.	115°9	335,1
Nitrate de soude.	121°0	224,8
Acétate de soude.	124°4	209,0
Carbonate de potasse..	135°0	205,0
Chlorure de calcium.	179°5	325,0

II. DOCUMENTS THÉORIQUES.

CHAUFFAGE.

On appelle *unité de chaleur* ou *calorie*, la quantité de chaleur exigée pour élever de 1° centigrade la température de 1 kilog. d'eau à 0°. On admet que la quantité de chaleur nécessaire pour élever la température d'un poids P d'eau, du degré T au degré T′, se représente par $P(T'-T)$. Ainsi pour élever 10 kilog. d'eau de 5 à 10°, il faut $10 \times (10-5)$ ou 35 unités de chaleur. Il suit de là que l'on peut représenter la puissance calorifique d'un combustible par le nombre d'unités de chaleur produites par la complète combustion d'un kilogramme de sa substance. Les principaux essais pour déterminer la puissance calorique des combustibles, sont dus à Rumford, Lavoisier, Dulong et à M. Despretz. Plus un combustible contient de carbone et d'hydrogène, plus sa valeur calorifique est élevée. Welter avait établi le principe que la chaleur produite est proportionnelle à la quantité d'oxygène qui se combine avec le combustible. Les recherches de Dulong n'ont pas confirmé cette loi. Rumford a résumé ainsi qu'il suit la quantité de chaleur obtenue par la combustion d'un kilogramme de bois :

		Unités de chaleur produites.
Tilleul.	Bois sec de menuisier de 4 ans.	3460
Idem.	Bois fortement desséché dans un poêle.	3960
Hêtre.	Bois sec de menuisier de 4 ans.	3375
Idem.	Bois fortement desséché dans un poêle.	3630
Orme.	Bois sec de menuisier de 4 à 5 ans.	3037
Idem.	Bois fortement séché dans un poêle.	3450
Chêne.	Bois à brûler ordinaire, en copeaux moyens.	2550
Idem.	En copeaux minces bien séchés à l'air.	2925
Frêne.	De menuisier ordinaire sec.	3075
Idem.	Fortement séché dans un poêle.	3525
Erable.	Bois de la saison fortement séché sur un poêle. . . .	3600
Cormier. . . .	Bois desséché sur un poêle.	3600
Merisier. . . .	Bois sec de menuisier.	3375
Idem.	Bois séché sur un poêle.	3675
Sapin.	Bois sec de menuisier ordinaire.	3037
Idem.	En copeaux bien séchés à l'air.	3375
Idem.	Bois fortement desséché dans un poêle.	3750
Peuplier. . . .	Bois sec de menuisier, ordinaire.	3460
Idem.	Fortement desséché dans un poêle.	3712
Charme. . . .	Bois sec de menuiserie.	3487
Chêne.	Sec.	3300

D'après Rumford, on peut évaporer des quantités égales d'eau, présentant des surfaces égales, et par conséquent produire des températures égales, par

    403 livres de coke,
    600   de houille.
    600   de charbon de bois,
  1,089   de bois de chêne.

ou en volume par

    17 livres de coke,
    .10   de houille,
    40   de charbon,
    33   de chêne.

CHALEUR PRODUITE PAR DIVERS COMBUSTIBLES, ÉVALUÉS EN VOLUMES.

			Unités de chaleur
1 hectolitre de houille moyenne. . . . , ... , ...			630
1 corde de bois (4m cubes), de noyer,	d'une année de coupe.		7742
1 id.	de chêne blanc,	id. . . .	6846
1 id.	de frêne,	id. . . .	6974
1 id.	de hêtre,	id. . . .	5603
1 id.	d'orme,	id. . . .	4487
1 id.	de bouleau,	id. . . .	4102
1 id.	de châtaignier,	id. . . .	4035
1 id.	de charme,	id. . . .	5572
1 id.	de pin,	id. . . .	4263
1 id.	de peuplier d'Italie,	id. . . .	3069
1 hectolitre de charbon de noyer.			292
1 id.	de chêne.		255
1 id.	de frêne.		219
1 id.	de hêtre.		176
1 id.	d'orme.		167

Unités de chaleur.

1 hectolitre de charbon	de bouleau.	153
1 id.	de châtaignier.	146
1 id.	de charme.	176
1 id.	de pin.	160
1 id.	de peuplier d'Italie.	109
1 hectolitre comble de coke. . . , ...		230

De deux cheminées placées dans des circonstances absolument semblables, aux deux extrémités du foyer de l'Opéra, l'une a été chauffée avec du bois, et l'autre uniquement avec du coke ; deux thermomètres étaient placés près de chaque cheminée, de manière à marquer seulement la température de la pièce. La température extérieure était à 4 degrés au-dessus de la glace, et celle du foyer à 9 degrés. Les cheminées allumées ont donné les résultats suivants :

Cheminée chauffée par le bois.		Cheminée chauffée par le coke.	
	degrés.		degrés.
A cinq heures.	9	A cinq heures.	9
A six heures.	10	A six heures.	12
A sept heures.	11	A sept heures.	14
A huit heures.	13 1/2	A huit heures.	16
A neuf heures.	15 1/2	A neuf heures.	17 1/2
A dix heures.	16	A dix heures.	18
A dix heures et demie. . .	17	A dix heures et demie. . .	19

La température moyenne a donc été, pendant la soirée, pour l'extrémité du foyer chauffé par le bois, de 13°; pour celle du foyer chauffé par le coke, de 16°. Si de la différence de ces deux termes, on déduit le degré de température du point de départ, c'est-à-dire 9 degrés, on trouve que le bois a augmenté la chaleur existante de 4°, tandis que le coke l'a augmentée de 7°, c'est-à-dire que ce dernier combustible a produit un effet double de l'autre. Cependant on avait dépensé 3 fr. 50 c. pour chauffer avec le bois, et seulement 1 fr. 80 c. pour chauffer avec le coke. Le prix du coke est supposé de 60 fr. la voie ou quinze hectolitres, et celui du bois, de 40 fr. la voie.

La houille vaut ordinairement, à Paris, 4 fr. 50 l'hectolitre ras ; le coke, 2 fr. 25 l'hectolitre comble; le bois, 25 fr. la voie de deux stères, et l'hectolitre de charbon de bois 4 fr.

Le prix de 1000 unités de chaleur produites par la houille est donc de : $4.50 \frac{1000}{7500.64} = \frac{0,45}{63} = 0,0072$.

Le prix de **1000** unités de chaleur produites par le coke est de : **2.25**. $\frac{1000}{6000.35} = \frac{0,22}{21} = 0,0097$.

Le prix de **1000** unités de chaleur produites par le bois est de : **35**. $\frac{1000}{2800.750} = \frac{0,35}{21} = 0,017$.

Le prix de **1000** unités de chaleur produites par le charbon de bois est de : **4**. $\frac{1000}{7000.27} = 0,026$.

On voit que le chauffage par la houille est, à Paris, le plus économique de tous ; le chauffage est moins cher par le coke que par le bois ; le chauffage par le charbon de bois est le plus cher de tous (**1**).

Depuis quelque temps, un nouveau combustible, connu sous le nom de *charbon de Paris*, commence à être substitué dans diverses industries aux combustibles ordinaires. Dans une de ses leçons au Conservatoire des arts et métiers, M. Payen en a parlé avec éloges. Nous comptons sous peu être en mesure de faire connaître les résultats de nos propres expériences sur les résultats fournis par le *charbon de Paris*, à la fabrication duquel se sont adonnés spécialement M. Popelin-Ducarre, à Paris, et M. Millochau, à Choisy-le-Roi, dont les remarquables fourneaux ont été construits par M. Sarron.

La quantité de chaleur exigée par un chauffage dépend de la température demandée, et de la somme des éléments de refroidissement. Un mètre carré de verre ordinaire exposé, par une de ses faces à une température constante de **100°**, et, par l'autre, à l'air à **15°**, donne lieu à une perte de **968** unités de chaleur par heure. Alors, il est vrai, la différence de température entre l'extérieur et l'intérieur est de **85°**. Ordinairement cette différence n'excède pas **20°**, ce qui, d'après la loi de Newton, réduit la perte à **968** $\times \frac{20}{85} = \mathbf{227}$.

---

(1) Péclet, *Traité de la chaleur*, t. Ier.

VENTILATION [1].

Inspiration. Le nombre des inspirations peut être évalué, en moyenne, à 25 par minute. (DAVY.) Chaque inspiration absorbe 66 centilitres d'air (THOMSON), ce qui donne, par 24 heures, 24^m cubes.

Acide carbonique. L'homme adulte brûle 11 gr., 3 de carbone, soit 22 litres à 16° par heure, ou 532 litres en 24 heures. Pour étendre cette masse d'acide carbonique, de manière à en prévenir l'effet délétère, il faut 266^m cubes d'air. D'après M. Lassaigne, le cheval brûle 110 gr., 21 de carbone par heure, donc 10 fois plus que l'homme ; il produit en 24 heures 4^{mc},27 d'acide carbonique.

Le produit liquide de la transpiration pulmonaire est de 31 grammes par heure. Pour tenir ce produit en suspension, il faut 3^{m}100 litres d'air, à 16°, par heure, et 75^{m}400 litres pour les 754 grammes de produit liquide fourni en 24 heures.

La transpiration cutanée donne, par heure, 60 grammes de produit liquide, soit 1 kil. 447 gr. par jour. Pour tenir en suspension ce produit, il faut, en air à 16°, 6^m cubes par heure, soit 144^m cubes par jour.

Il est permis d'assimiler au produit des deux transpirations réunies le produit des évaporations diverses de la salle (tisanes, cataplasmes, fomentations, draps mouillés, vases de nuit, crachoirs, etc., etc.). La quantité d'air exigée par cet élément s'élève donc à 219 mètres cubes par jour.

La quantité d'air à 16°, exigée par les divers éléments

---

(1) Voyez les recherches de MM. Andral et Gavarret, celles de MM. Regnault et Reiset, de M. F. Leblanc, le mémoire de M. Poumet, enfin le remarquable travail de M. Papillon, publié dans les *Annales d'hyg. publ.*, année **1849**.

qui précèdent, s'élève donc à un total de 728^m cubes en 24 heures (1).

La capacité d'un local ne représente le nombre de mètres cubes d'air qu'il renferme, qu'autant que cet air est à 0 de température, et sous la pression de 0^m760. Au-dessus et au-dessous de ce chiffre, il faut déduire pour la dilatation ou ajouter pour la condensation. Enfin, il faut faire une réduction égale à la *solidité* de toutes les choses et de toutes les personnes qui occupent le local. Le poids moyen d'un homme adulte (2), vêtements compris, peut être évalué à 65, celui de la femme à 53 kilog. L'homme, plongé dans l'eau, déplace un volume de cette dernière, dont le poids est égal au sien. On peut donc exprimer :

Le volume de l'homme, par 65 litres, ou 0^m65,

Celui de la femme, par 55 litres, ou 0^m55.

Le volume d'une inspiration aux âges de 7, 15, 30 et 80 ans présente, d'après M. Bourgery, la progression géométrique suivante : 1 : 2 : 4 : 8. Le nombre des inspirations diminue à peu près de moitié dans le cours de la vie ; la série des chiffres 15, 24, 40, 60, peut donc représenter les volumes d'air employés, dans un temps donné, par l'enfant, l'adolescent, l'adulte et le vieillard. MM. Regnault et Reiset établissent que l'oxygène absorbé est à l'acide carbonique exhalé :: 4 : 3. Avec ces divers matériaux, M. Papillon résume ainsi qu'il suit le titre et l'acidité de l'air expiré :

	Enfants.	Adolescents.	Adultes.	Vieillards.
Litres d'air inspirés par heure.	187,5	300	500	750
Grammes de carbone brûlés.	4,5	9	12	9
Litres d'acide exhalés à 27°.	9	10	24	18
Litres d'oxygène absorbés à 27°.	12	24	32	24
Proportion d'oxygène absorbée.	0,064	0,080	0,064	0,032
Acidité de l'air expiré.	0,048	0,060	0,048	0,024
Titre de l'air expiré.	0,111	0,128	0,011	0,176

(1) Dans une période de 135 ans, de 1689 à 1824, on trouve à Paris, année moyenne, 180 jours de brouillards épais et 140 jours pluvieux. Ce n'est que par les jours de beau temps que l'on peut compter sur la sortie des salles d'hôpitaux d'un grand nombre de malades.

(2) Dès 1783, Tenon avait constaté pour 120 individus des deux sexes, de 25 à 40 ans, habitant le village de Massy, près Paris, les résultats suivants :

	Maximum.	Minimum.	Moyenne.
Poids de l'homme. . .	83^k307	51^k398	61^k071
Poids de la femme. . .	74 038	37 805	54 916

En comparant le volume de l'inspiration ordinaire à la capacité aérienne des poumons, M. Papillon trouve les rapports approximatifs qui servent de base aux calculs ci-après :

Titre et acidité de l'air respiré.

	Enfants.	Adolescents.	Adultes.	Vieillards.
Fraction d'air renouvelée.	1 : 6	1 : 3	1 : 4	1 : 3
Titre de l'air respiré.	0,144	0,128	0,144	0,174
Titre de l'air expiré, la respirabi-{ 1	0,1547	0,1440	0,1600	0,1844
lité du milieu étant. . . . . . . { 7/8	0,1533	0,1420	0,1580	0,1853
Acidité du résidu.	0 0480	0,0600	0,048	0,024
Acidité de l'air respiré, celle du mi-{0,000	0,4000	0,0480	0,0340	0,0160
lieu étant. . . . .{0,006	0,0440	0,0492	0,0375	0,0180

. Lorsque plusieurs personnes d'âges différents respirent en commun, le régime de la ration individuelle n'est plus applicable. Les besoins paraissent à M. Papillon pouvoir être satisfaits par le tarif suivant :

LITRES D'AIR A FOURNIR PAR HEURE AUX INDIVIDUS MALES.

Enfants.

Seul ou en compagnie, sans vieillards. . . .   15,000
En compagnie de vieillards.   3,000

Adolescents.

Seul ou en compagnie d'adolescents.   25,000
En compagnie d'adultes ou d'enfants. . . .   3,000
En compagnie de vieillards.   6,000

Adultes.

Seul ou en compagnie, sans vieillards. . . .   4,000
En compagnie de vieillards.   8,000

Vieillards.

Seul ou en compagnie.   6,000

Eclairage. L'éclairage agit comme la respiration : il prend de l'oxygène et rend de l'acide carbonique. D'après un calcul fait dans les hôpitaux civils de Paris, un bec de lampe brûle par heure 10 grammes d'huile, soit 120 grammes par nuit de 12 heures. Il exige donc 106 litres d'air par heure à 16°, soit 1ᵐ272 litres par nuit. Un bec de gaz, à l'hôpital Saint-Louis, dépense par heure 102 litres de gaz. Il exige donc 1ᵐ563 d'air, soit 18ᵐ756 par nuit. Les 120 grammes d'huile, à 77 pour 100 de carbone, équivalent à 182 litres d'acide carbonique par nuit (15 litres par heure). 102 litres de gaz donnent, par heure, 204 litres d'acide carbonique, à 16°, et 165 grammes d'eau. La réduction de l'acide carbonique, à 2 pour 1000, exige, dans le cas d'éclairage à l'huile, 7^m500 pour 1 heure, soit 91^m cubes pour 12 heures ; dans le cas d'éclairage au gaz, 102^m cubes pour 1 heure, ou 1224^m cubes pour 12 heures. Les 165 grammes d'eau exigent 16^m500 par heure, donc 198^m cubes par nuit.

Les divers modes d'éclairage se rangent, au point de vue économique, dans l'ordre suivant : le gaz, l'huile, en passant successivement par les lampes Carcel, Thilorier, Sinombre, le bec de réverbère, puis l'éclairage avec les corps gras solides représentés par les diverses sortes de chandelle et de bougie. M. Péclet résume ainsi qu'il suit les résultats fournis par les différents procédés d'éclairage, au point de vue de la dépense, de la consommation et de la lumière. Bien que le prix de diverses substances ait subi quelques modifications, que la bougie, par exemple, soit tombée de 6 fr. 60 c. à 4 fr. le kilogramme, les résultats généraux n'en sont pas altérés.

	Intensité de la lumière.	Consommation par heure.	Prix du kilogramme de combustible.	Prix de la lumière par heure.	Quantités relatives de combustible, pour une même lumière.	Dépense par heure à égalité de lumière.
Lampes.		gramm.	fr.	cent.	gramm.	cent.
Lampe à mouvement d'horlogerie.	100	42		6	42	5,8
— à mèche plate.	12	11		1,5	88	12,3
— astrale, bec en ferblanc. . . .	31	27		4	86	12,0
— Sinombre, réservoir annulaire.	85	43		6	50	7,0
— de Girard, bec en ferblanc. .	64	55	1,40	5	48	6,6
— hydrostatique de Thilorier,						
n° 1.	108	52		7	48	7,6
— — n° 2.	80	37		5	46	6,6
— — n° 3.	75	32		4	42	6 4
— — n° 4.	45	17		2	35	5,9
Bougies.						
Bougie de cire, de 8 au 1/2 kilog. .	16	9	7,60	6	64	48,6
— de blanc de baleine, de 6. . .	14	10	7,60	6	62	47,8
— — d'acide stéarique, de 5. .	14	9	6,60	5	65	37,1
Chandelles.						
Chandelles de 6 au 1/2 kilog. . . .	11	8,5	1,40	1,2	70	9,8
— de 8.	9	7,5	1,40	1	86	12,0
Becs de gaz.		litres.				
Bec de gaz à la houille.	127	436	»	5	107	3,9
— à l'huile.	127	38	»	5	30	3,9

En ce qui concerne les combustibles, le tableau suivant résume la quantité d'air réclamée pour leur combustion, et la quantité de gaz qu'ils dégagent.

	Puissance calorique.	Pouvoir rayonnant.	Volume d'air froid nécessaire pour brûler 1 kilo de combustible.	Volumes de gaz qui se dégagent pour 1 kilog. de combustible.
Bois sec.	3600	0,28	6,75	7,34
Bois ordinaire à 0,20 d'eau..	2800	0,25	5,40	6,11
Charbon de bois.	7000	0,50	16 40	16,40
Tourbe sèche.	4800	0,25	11,28	11,73
Tourbe à 0,20 d'eau.	3600	0,25	9,02	9,65
Charbon de tourbe.	5800	0,50	13,20	13,20
Houille moyenne.	7500	Plus que le charbon de bois.	18,10	18,44
Coke à 0,15 de cendres.. . .	6000	Idem.	15,00	15,00

D'après M. Boussingault, il y a, dans Paris, pendant chaque période de 24 heures, production de 2,964,641 d'acide carbonique, soit, en nombre rond, trois millions de mètres cubes. Cette quantité est due aux influences suivantes :

Population.	. . .	336,777^m cubes.
Chevaux.	. . . .	132,370
Bois à brûler.	. .	855,385
Charbon de bois..	.	1.250,700
Houille.	. . . .	314,215
Cire.	. . . . .	1,071
Suif.	. . . . .	25,722
Huile.	. . . . .	28,401

TOTAL. . 2,944,641

Dans cette estimation, la population de Paris est évaluée à 909,126 habitants, et la quantité d'acide carbonique produite par chaque individu en 24 heures à 370 litres. Le nombre des chevaux, d'après la consommation de foin, d'avoine et de paille qui se fait dans Paris, est estimée à 31,000, et la quantité d'acide carbonique produite en 24 heures par chaque cheval à 4 mètres cubes. Nous résumons, dans le tableau suivant, la proportion des décès constatés sur 1000 habitants, dans les divers quartiers de Londres, classés d'après la densité de leur population (1).

(1) Second annual report of the registrar général. London, 1842.

	Yards carrés par personne.	Maladies épidé- miques.	Ty- phus.	Maladies du syst. cérébro- spin.	Maladies de l'appareil respirat.	Phthi- sics.	Maladies des organes digestifs.	Autres maladies.	Total des décès.
1re Série.	33	6,57	1,29	4,91	8,13	4,24	1,56	7,20	28,37
2e Série.	144	5 12	0,98	3.81	7,30	4,06	1,74	6,68	24,63
3e Série.	173	3,69	0,60	3,16	5,88	3,32	1,44	5,16	19.33

On voit que, partout, la mortalité se montre proportion-nelle à l'agglomération de la population.

En France, les règlements militaires, au lieu de fixer la quantité d'air pur à donner à chaque homme dans un temps déterminé, se sont bornés à fixer la place ainsi qu'il suit :

Pour un malade fiévreux ou blessé. . 20^{mc}
Pour un malade vénérien ou galeux. . 18^{mc}
Pour l'homme en santé. . . . . . 16^{mc}

La distance à observer entre deux lits, est de :

65 centimètres dans les hôpitaux,
25 centimètres dans les casernes.

On comprend tout ce que laissent à désirer de telles règles, et l'on s'explique l'influence que peut exercer le casernement sur le chiffre de la mortalité de l'armée et sur la fréquence relative de certaines affections dans la production desquelles le défaut d'air pur joue un rôle incontesté. Il résulte d'un rapport présenté à l'Assemblée nationale, le 23 novembre 1849, par M. le général Oudinot que la mortalité de l'ar-mée, a été :

En 1847, de 19,1 décès sur 1000 hommes,
En 1848, de 21,3   »

La mortalité des individus des deux sexes, âgés de 20 à 27 ans, n'est en France :

D'après Demonferrand, que de 12,5 décès sur 1000,
D'après Duvillard,   que de 11   »

Que si, de la mortalité générale, nous passons à l'examen de quelques maladies en particulier, considérées comme causes de décès, nous voyons, dans les armées étrangères sur lesquelles nous possédons des documents statistiques officiels, l'agglomération donner lieu aux résultats les plus déplorables. Ainsi, en Angleterre où la population civile de 20 à 30 ans perd annuellement, sur 1000 habitants, 4,7 par phthisie pulmonaire, la partie de l'armée qui occupe le Royaume-Uni, perd dans les armes ci-après :

Dragons.	5,5
Cavalerie. *Household*. .	7,4
Garde. Infanterie... . .	11,5

Dans l'armée prussienne, la mortalité par fièvre typhoïde a été, de 1829 à 1838, de 4,7 décès sur 1000 hommes, alors que la mortalité causée par la même maladie dans la population civile de l'Angleterre âgée de 20 à 30 ans, n'est que de 0,59. En présence de tels faits, on comprend combien il est désirable que l'aération des casernes soit enfin réglementée d'une manière conforme aux enseignements de l'expérience. Il y va de la santé de l'armée et de l'intérêt bien entendu de l'Etat.

TABLE DES MATIÈRES.

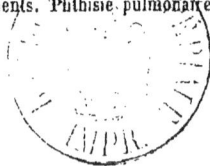

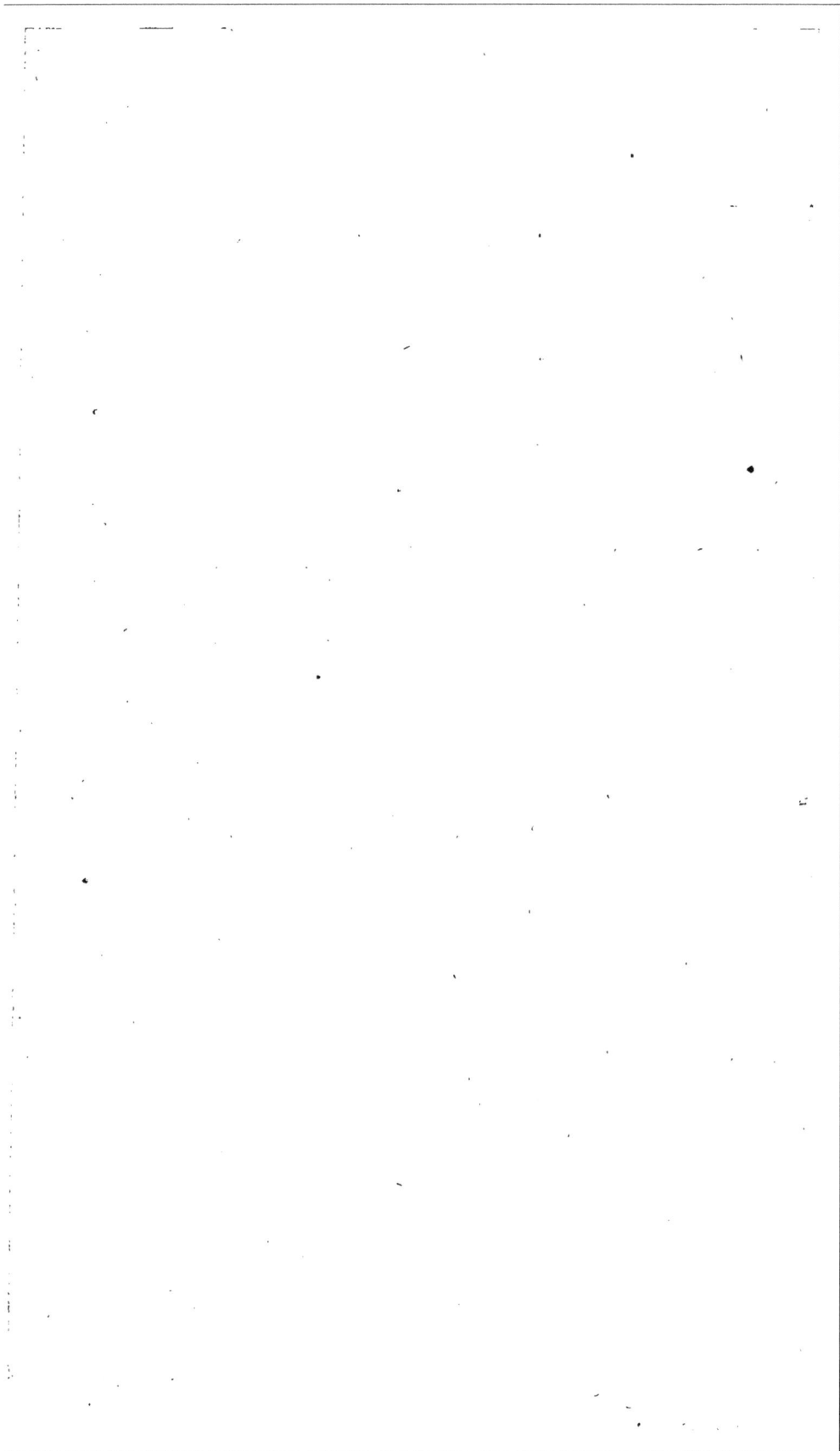

www.ingramcontent.com/pod-product-compliance
Lightning Source LLC
Chambersburg PA
CBHW070722210326
41520CB00016B/4423